N° 44.

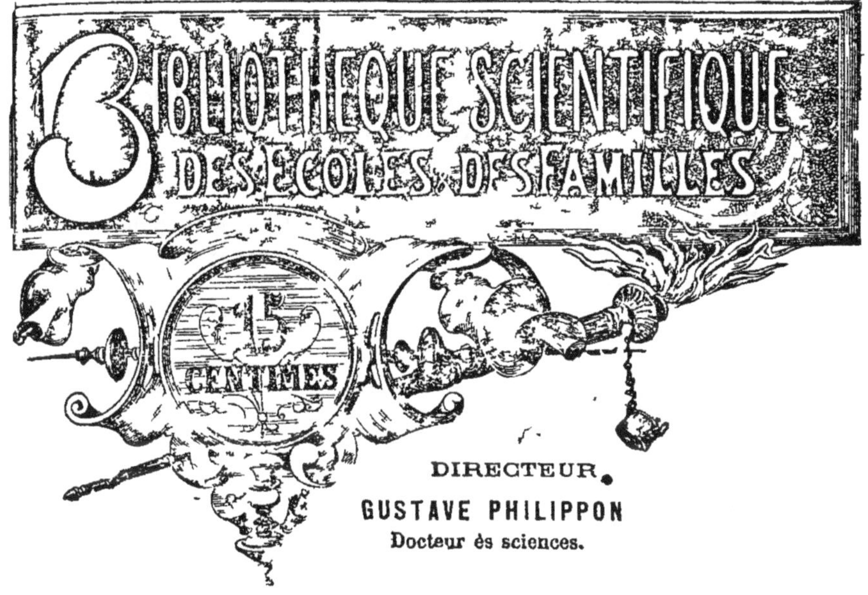


DIRECTEUR

GUSTAVE PHILIPPON

Docteur ès sciences.

# LE CIEL

PAR

**CHARLES MARTIN**

Professeur à l'Université.

# LIVRES DE RÉCRÉATION ET D'INSTRUCTION

## A DIX ET QUINZE CENTIMES

## NOUVELLE BIBLIOTHÈQUE POPULAIRE

### A DIX CENTIMES

*(Couronnée par l'Académie française.)*

Le volume : **Dix centimes**

(Franco par la poste : 1 volume 15 centimes, 2 volumes 25 centimes.)

EXTRAIT DU CATALOGUE DES CINQ CENTS VOLUMES EN VENTE

*Regnard* : Voyage en Laponie (1 vol.). — *Le Père Didon* : Jésus-Christ (1 vol.). — *Sainte-Beuve* : La Grande Mademoiselle (1 vol.). — *Guy de Maupassant* : Trois Contes (1 vol.). — *Jules Lemaître* : L'Imagier (1 vol.). — *La Fontaine* : Voyage à Limoges (1 vol.). — *Cyrano de Bergerac* : Histoires comiques de la Lune et du Soleil (1 vol.). — *Shakespeare* : Hamlet (1 vol.). — *Jules Michelet* : En Italie (1 vol.).

## BIBLIOTHÈQUE

DE

# SOUVENIRS ET RÉCITS MILITAIRES

*(Honorée d'une souscription du Ministère de la Guerre.)*

Le volume : **Quinze centimes**

(Franco par la poste : 1 volume 20 centimes, 2 volumes 35 centimes.)

*Tous les volumes sont illustrés.*

EXTRAIT DU CATALOGUE DES CENT QUATRE VOLUMES EN VENTE

*D'Ulm à Austerlitz*, par le Général baron Thiébault (1 vol.). — *Sébastopol*, par S. M. I. Alexandre III (1 vol.). — *Iéna, Eylau, Friedland*, par le Général baron Lejeune (1 vol.). — *La Grande Armée en Russie*, par le Général Rapp (2 vol.). — *La Bataille de Paris en 1814*, par Henry Houssaye (1 vol.). — *Sedan*, par le Commandant Rousset (1 vol.). — *Les Marins et les Corps francs en 1870-71*, par le Commandant Rousset (1 vol.). — *La Mort héroïque du Commandant Rivière*, par le lieutenant Duboc (1 vol.). — *L'Amiral Courbet en Extrême-Orient*, par le lieutenant Maurice Loir (1 vol.). — *Aux Grandes Manœuvres, notes d'un Réserviste*, par Paul Ginisty (1 vol.).

*Voir aux pages suivantes de cette couverture la suite de nos collections à* **10** *et* **15** *centimes.*

**Le Catalogue complet de ces collections est envoyé gratis et franco à toute personne qui nous en fait la demande par lettre affranchie.**

# LE CIEL

## CONSTITUTION ET ARCHITECTURE GÉNÉRALE DE L'UNIVERS

Par CHARLES MARTIN,
Professeur de l'Université.

> Par la dignité de son objet et par la perfection de ses théories, l'Astronomie est le plus beau monument de l'esprit humain.
>
> LAPLACE.

Nous avons ailleurs traité l'histoire particulière du *soleil* et celle des *étoiles,*... qui sont aussi des soleils; et nous avons exposé ce qu'on pourrait appeler « l'histoire naturelle » de ces astres.

Mais le ciel n'est pas seulement peuplé d'étoiles.

Nous nous proposons ici de compléter l'inventaire de tous les *corps célestes* qui se peuvent observer au ciel, en donnant de chacun d'eux un signalement, sinon complet, du moins suffisant, et qui soit en rapport avec l'état actuel de la science.

Les divers astres étant ainsi inventoriés, classés et catalogués, nous voulons encore en faire connaître la distribution dans l'espace, assigner sa véritable place à chacun des éléments dont se compose le Cosmos et nous élever ainsi par degrés jusqu'à l'intelligence de la constitution de l'univers visible, qui est le propre but des études astronomiques.

# CHAPITRE PREMIER

## LES CORPS CÉLESTES

Par une belle nuit sereine et sans lune, levons les yeux au ciel; les ténèbres ne sont pas complètes; mille feux étincelants percent l'obscurité; mille lueurs épandues dans l'ombre générale éclairent doucement la voûte constellée. Ce sont, dit-on, les étoiles; ce ne sont pas *seulement* et *toujours* des étoiles.

Sous le nom général de *corps célestes*, on désigne les astres et les amas plus ou moins réguliers de matière stellaire ou cosmique qui se trouvent répandus et flottent dans l'espace illimité.

Tous ces corps que l'on peut observer au ciel et qui forment par leur ensemble le magnifique spectacle des nuits, peuvent être, pour la facilité de l'étude, répartis en cinq grandes catégories : les *nébuleuses*, les *étoiles*, les *planètes*, les *comètes* et les *astéroïdes*.

Entre ces divers astres existent d'ailleurs les liens les plus étroits. Il est presque impossible de séparer complètement leur étude et de parler des uns sans dire quelque chose des autres. Leur histoire se pénètre; leurs propriétés s'expliquent mutuellement; leurs substances et leurs origines se confondent.

Nous nous bornerons ici à quelques indications capables de constituer à chacun des corps célestes un signalement qui suffise à les distinguer entre eux.

**Nébuleuses.** — Ce sont des taches plus ou moins diffuses réparties dans le ciel inégalement mais avec profusion. On a calculé qu'elles occupent au total la deux cent soixante-dixième partie de la surface du firmament. Certaines d'entre elles, comme la *Voie lactée*, qui fait le tour de la voûte céleste, et les *Nuages de Magellan*, qui brillent à l'hémisphère austral, ont des dimensions énormes.

Nuages lumineux, pâles lueurs, blanches clartés, les nébuleuses ne sauraient être confondues avec les étoiles. Et pourtant, un grand nombre d'entre elles ne sont autre chose que des amas d'étoiles, étoiles extraordinairement nombreuses et tellement rapprochées par un effet de perspective résultant de leur éloignement que l'œil est impuissant à les séparer. Mais la vue de l'astronome « allongée par le tube merveilleux » arrive à discerner les éléments composants. La clarté diffuse à laquelle se réduit l'aspect d'une nébuleuse observée à l'œil nu ou à l'aide d'instruments trop faibles se transforme dans le télescope en un pointillé brillant; et à mesure que la puissance des instruments s'accrût, la distinction établie tout d'abord entre les étoiles et les nébuleuses perdit singulièrement de sa valeur, celles-ci se résolvant en celles-là. Il semble bien, en beaucoup de cas au moins, qu'il n'y ait là qu'une question d'apparence et de puissance dans les moyens d'investigation. La nébuleuse d'Andromède, par exemple, qui fut la première observée à l'aide d'un télescope, fut bien longtemps considérée comme dépourvue d'étoiles. Et, voilà que, sur ses bords, dont l'éclat ressemblait, dit l'astronome Simon Marius, « à la lumière d'une chandelle vue de loin à travers une feuille de corne », on a, il y a peu d'années, reconnu et compté jusqu'à *quinze cents* étoiles. A l'heure actuelle, toutes les nébuleuses qui, du temps de Galilée, étaient regardées comme des nuages cosmiques, ont été résolues en étoiles.

A l'époque même de Galilée et avec le seul secours de lunettes encore imparfaites, il fut déjà possible de reconnaître la vraie nature, c'est-à-dire la composition stellaire d'un grand nombre de ces nébulosités mystérieuses sur lesquelles, jusque-là, on ne pouvait faire que des conjectures plus ou moins hasardées à défaut d'observations possibles. La *voie lactée,* cette traînée doucement lumineuse qui illumine d'une lueur laiteuse tout un grand cercle de la voûte céleste, fut une des premières reconnues comme étant *essentiellement* composée d'étoiles. On juge de la surprise qui accueillit ces découvertes dont le retentissement fut considérable. Un seul coup d'œil jeté dans l'instrument nouveau avait suffi pour résoudre mille problèmes agités depuis des siècles au sujet du mystère de ces corps célestes.

Toutefois s'il est vrai que le télescope a démontré la nature stellaire des nébuleuses primitivement connues, il est juste d'ajouter qu'en sondant plus profondément le ciel, il en a fait découvrir de nouvelles, plus loin perdues dans l'espace immense; et de celles-là la véritable nature n'est point encore connue de façon décisive.

N'est-ce là aussi qu'une agglomération d'étoiles que, seul, l'éloignement prodigieux laisse encore indistinctes? Ne devons-nous y voir que des *voies lactées lointaines?*

L'analogie permet de le supposer. En songeant que les groupes stellaires les mieux résolus, tels que celui des pléiades (dont l'effet est même assez médiocre dans les instruments puissants qui accusent le grand éloignement des étoiles composantes) n'apparaissent aux vues faibles que comme un simple nuage lumineux, on se tient en garde contre les illusions qui résultent de la faiblesse de nos organes, et l'on est fondé, en s'appuyant sur l'expérience, à penser que beaucoup de nébulosités télescopiques n'attendent, pour être résolues, que le secours d'instruments plus puissants et plus parfaits.

Ou bien sommes-nous cette fois mis en présence d'amas de matière cosmique diffuse à l'état rudimentaire, sans trace encore d'organisation, mais qui, germe de mondes, pourrait avec le temps se condenser en étoiles?

Les deux hypothèses sont également acceptables. Aucune d'elles ne saurait être rejetée *a priori*. C'est un point que seule peut décider l'observation avec des instruments de *qualité* convenable.

Remarquons, en effet, qu'en pareille circonstance la *puissance* d'un instrument n'est pas tout. Là où les télescopes les plus puissants ont donné tout ce que comporte leur grossissement et ne peuvent plus nous indiquer rien de nouveau sur la constitution des corps célestes, des instruments d'un tout autre genre peuvent nous renseigner *mieux*, en nous révélant leur structure intime et la nature de leur substance même. Tels sont aujourd'hui le spectroscope et la plaque photographique. L'analyse spectrale surtout fournit à cet égard les indications les plus précieuses en nous permettant de décider avec certitude si la lumière émise par une nébuleuse provient de corps solides ou bien de nuages de nature gazeuse. Divers savants, parmi lesquels M. Young et M. Huggins, ont ainsi démontré pour certaines nébuleuses, qu'elles sont, à n'en pas douter, de véritables nuées cosmiques. Leur lumière provient de gaz brûlants, parmi lesquels on reconnaît l'hydrogène et l'azote; il existe en outre un autre gaz dont la nature nous reste inconnue.

L'existence d'une pareille matière nébuleuse a également été reconnue par le P. Secchi en divers points de la voie lactée.

La question que nous posions plus haut ne se peut poser qu'en face de ces véritables nébuleuses; mais elle se pose là tout entière. Ces « blancheurs des ténèbres » sont-elles, suivant l'expression de Victor Hugo, « les créations »?

Sommes-nous en présence des matériaux des étoiles? Les nébuleuses seraient-elles en effet des mondes en formation?

C'était l'opinion de Laplace et d'Herschell. C'est celle à laquelle M. Young s'arrête après une longue série d'études et de recherches spectroscopiques.

Cela est possible en effet.

La remarquable structure en spirales présentée par certaines nébuleuses, telles que celles dites des Levriers, à l'observation dans les grands instruments de lord Ross; l'apparence d'anneaux analogues à ceux de Saturne révélée récemment par la photographie dans la nébuleuse d'Andromède, suggèrent nécessairement des idées favorables à l'hypothèse cosmogonique nébulaire. Seulement il importe d'être fort réservé en ces spéculations. Rappelons qu'en cette même nébuleuse d'Andromède, on a cru récemment voir *naître* une étoile qui ne lui appartenait pas [1]; qu'à plusieurs reprises les transformations d'astres dont on a pu être témoin jusqu'ici n'ont pas confirmé l'hypothèse nébulaire qui, en résumé, si plausible, si séduisante et si grandiose qu'elle soit, n'est du moins pas encore *démontrée* par les faits. La vérité est que, comme le dit M. Wolf, « la connaissance du lien qui unit les étoiles et les nébuleuses nous est encore interdite ».

Quoi qu'il en soit, ce lien existe et l'histoire des étoiles est certainement très étroitement liée à celle des nébuleuses. Que la matière de celles-ci soit une portion du chaos primitif avant la formation des divers astres; ou qu'on y voie au contraire, avec M. Wolf, « le résidu de la matière primitive *après* que la condensation en soleil et planètes en a extrait la majeure partie des éléments qu'on trouve dans la composi-

1. Voir les *Étoiles* (n° 32 de la collection).

tion chimique de ces astres »; qu'elles contiennent encore, pour employer l'expression poètique de J. Ampère, « leurs semences fécondes » ou qu'elles en soient déjà à abandonner « leurs poussières de mondes » germes ou débris, il n'en reste pas moins acquis et à retenir qu'il existe une étroite communauté d'origine entre les différents matériaux dont l'univers est composé. L'importance capitale, que tous les savants s'accordent à donner aux nébuleuses dans l'histoire de la science, est la raison qui nous a fait insister sur ce point.

En résumé et dans la pratique, on distinguera nettement et sans difficulté en contemplant le ciel à l'œil nu, les étoiles, ces points étincelants, des nébulosités dont la lueur brille doucement sur une portion plus ou moins étendue de la voûte céleste ; seulement il est bon d'avoir présente à l'esprit cette remarque que, dans un grand nombre de cas, il n'y a, malgré leur apparence si différente, aucune distinction réelle à établir entre la nature de ces corps célestes.

Une remarque encore à l'occasion des formes très diverses que présentent les nébuleuses de toute nature. Qu'il s'agisse de simple amas d'étoiles, ou de véritables nébulosités, ou bien de systèmes mixtes, les dessins par lesquels leur forme se traduit sur notre rétine ou sur les clichés photographiques, sont intimement liés, il ne faut pas l'oublier, à la puissance des instruments employés. Il ne faut donc pas considérer la forme que nous connaissons aux nébuleuses comme quelque chose d'absolu et de définitif. Il faut surtout ne pas se hâter, en présence de différences observées sur des représentations de ces astres par comparaison avec des dessins plus anciens, de conclure, ainsi qu'on l'a fait souvent, à une *variabilité* des nébuleuses.

Il y a beaucoup de chances pour que les variations observées tiennent à l'observateur ou plus exactement à l'instrument employé pour l'observation. Il est bien difficile en effet de concevoir, ainsi que le remarque justement M. Angot, qu'on puisse apprécier, au bout de quelques années, un changement quelconque dans la forme d'objets si éloignés que la lumière exige peut-être un siècle pour nous parvenir. *Si des changements ont lieu réellement,* des générations entières devront s'écouler avant qu'on puisse s'en apercevoir.

**Planètes.** — Le Soleil est le centre d'un monde,

notre monde solaire. Autour de l'étoile centrale, éclairés et échauffés par elle, circulent et gravitent des corps célestes opaques : ce sont les *planètes*. Leur nom, qui signifie astres errants, provient, on le sait, de ce que leurs mouvements, qui ont vivement frappé les premiers observateurs, sont très apparents. C'est là un signe auquel on pourra toujours reconnaître une planète. Dans le ciel, où elles décrivent toutes, dans le même sens, leurs orbites elliptiques autour du soleil, les planètes se distinguent facilement des étoiles fixes par leur déplacement rapide qui leur fait traverser en peu de temps les diverses constellations visibles.

Mais ce n'est pas tout. Examinées à l'aide d'une lunette, elles se présentent sous la forme d'un disque lumineux dont les dimensions *croissent avec le pouvoir grossissant* de l'instrument employé.

Ajoutons que, tournant sur elles-mêmes, les planètes, qui *ne sont pas lumineuses* par elles-mêmes et qui, globes obscurs comme la terre et comme notre satellite la lune, reçoivent toute leur lumière du soleil, présentent successivement aux rayons lumineux les divers points de leur surface qui, tour à tour, se trouvent éclairés ou plongés dans l'ombre. De là des *phases* [1] qu'on peut, pour certaines planètes, observer dans les instruments. Il n'y a dans ce cas pas de confusion possible.

Ce n'est pas ici le lieu d'entrer dans des développements relatifs à l'histoire particulière des diverses planètes. Bornons-nous à une remarque à l'égard du *nombre* de ces corps célestes.

Si l'on se reporte aux tableaux d'ensemble que nous avons donnés ailleurs du système solaire [2], on voit qu'il existe 2 planètes inférieures, Vénus et Mercure, situées entre la terre et le soleil ; et au delà, 5 grandes planètes savoir : Mars, Jupiter, Saturne, Uranus et Neptune.

Enfin nous avions signalé 350 petites planètes télescopiques circulant entre Mars et Jupiter.

Est-ce là tout? C'était tout à l'époque; mais si l'on songe qu'aucune de ces 350 planètes cataloguées jusqu'en 1893

1. Vénus et Mercure.
2. Voir le n° 24 de la collection, le *Soleil*, page 7.

n'était connue avant le commencement de ce siècle, il deviendra évident que tout n'est pas découvert. Depuis 1892 jusqu'à l'année présente, 1896, la liste s'est enrichie de plus de trente nouvelles planètes dont nous sommes redevables à trois astronomes seulement, MM. Wolf, Borelly et Charlois. La plupart de ces astres, remarquons-le, ont été découverts par la photographie. On peut se demander ce que nous réserve l'avenir. Le nombre de ces petits corps célestes, dont le plus volumineux ne mesure pas mille kilomètres de diamètre et les moindres quelques kilomètres seulement, est-il illimité? ou bien, comme le pensait Le Verrier, leur masse totale en est-elle restreinte à une fraction de Mars? A l'avenir de répondre.

Les anciens ne connaissaient que cinq planètes auxquelles ils ajoutaient le soleil et la lune, en tout sept astres qu'on faisait, dans le système de Ptolémée, tourner autour de la Terre. Lorsque, guidé par la théorie, le grand Képler fut amené à supposer l'existence d'une nouvelle planète entre Mars et Jupiter, il dut y renoncer devant la vive opposition qui accueillit ses vues. Les raisons qu'on lui objectait étaient au moins singulières. L'astronome florentin Sizzi proclamait ceci : « Il n'y a que sept trous dans la tête : les deux yeux, les deux oreilles, les deux narines et la bouche; il n'y a que sept métaux; il n'y a que sept jours dans la semaine; *il ne peut donc* y avoir que sept planètes ».

Chose plus curieuse peut-être, le philosophe Kant crut expliquer et démontrer pourquoi il *n'existait pas* de planètes entre Mars et Jupiter. Les annuaires de 1894 en contiennent 384 dûment cataloguées.

On sait que W. Herschell, découvrant en 1781 la planète Uranus, et Le Verrier trouvant par le calcul la position exacte où l'on pût, sur ses indications, observer Neptune, reculèrent immensément les limites du système planétaire connu.

Et maintenant, existe-t-il encore d'autres planètes au-delà de Neptune? En est-il qui circulent en dedans de l'orbite de Mercure, à deux pas, pour ainsi dire, du Soleil? Qui voudrait à l'heure actuelle se prononcer? L'expérience commande d'attendre les événements.

**Comètes.** — Hôtes originairement étrangers à notre système solaire, les comètes y apparaissent parfois et s'y trouvent retenues, momentanément au moins, par les lois de l'attraction. Attirées par le Soleil comme les planètes, elles circulent comme ces dernières autour de l'étoile centrale de notre monde; mais leur trajectoire est bien différente; et beaucoup de comètes, au cours de leur voyage, ne s'approchent qu'une seule fois du soleil; après quoi, elles s'en éloignent sans jamais revenir, allant sans doute chercher et trouvant dans les profondeurs du ciel quelque nouveau centre d'attraction qu'elles abandonneront plus tard, comme elles l'auront fait pour notre soleil.

Astres vagabonds, comme on les a souvent appelées, les comètes ne sont pas longtemps visibles. Après avoir brillé un temps plus ou moins long dans le ciel, elles disparaissent, les unes pour toujours, les autres, les comètes périodiques, pour revenir après un voyage qui peut durer des millions d'années. La grande comète de 1811 met trois mille ans à faire son voyage; à celle de 1680, quatre-vingt-huit siècles sont nécessaires. La cause en est à la longueur du chemin parcouru : la première de ces comètes s'éloigne à treize milliards de lieues de nous; l'autre à plus de trente-deux milliards.

C'est que, tandis que les planètes décrivent autour du soleil des orbites *sensiblement* circulaires, les comètes circulent suivant des ellipses excessivement allongées ou même suivant des paraboles. Dans ce dernier cas, on n'a de chances de voir la comète réapparaître que si les attractions des planètes près desquelles elles passent les dévient de leur direction et les ramènent dans notre voisinage.

Pendant le temps plus ou moins long que les comètes font partie de notre système et sont visibles au ciel, quel aspect présentent-elles ?

Est-il possible de les confondre avec les étoiles ou avec les planètes au milieu desquelles elles circulent?

Lorsque l'astre est encore très éloigné du soleil, il apparaît à l'œil ou avec une faible lunette comme un corps brillant entouré d'une atmosphère volumineuse ayant l'aspect d'une nébulosité! A cet état on pourrait confondre une comète avec les étoiles nébuleuses ou encore avec une nébuleuse planétaire. Mais son déplacement rapide permet, au bout de quelques observations, de reconnaître qu'on n'a pas affaire à une étoile. La distinction avec une planète s'accuse également chaque jour au fur et à mesure que l'astre se rapproche du soleil. Très différentes à tous égards, les comètes se distinguent essentiellement des planètes par leur *faible masse* et par leur *apparence*.

Au lieu de disques lumineux arrondis, ce sont des amas faiblement lumineux présentant généralement un centre plus brillant qui forme le *noyau* où la lumière semble condensée et qu'entoure une auréole ou nébulosité constituant la *chevelure*. Une *queue*, sorte de traînée lumineuse dont l'éclat va en s'affaiblissant jusqu'à l'extrémité, complète souvent l'apparence de ces corps singuliers. La lumière des comètes, que celles-ci reçoivent, au moins en partie, du soleil, comme on le reconnaît au moyen des polariscopes, est généralement faible; leur densité est si peu considérable qu'on a pu évaluer le poids de telle d'entre elles à quelques kilogrammes seulement; et quant à la masse de ces singuliers astres que Babinet appelait des *riens visibles*, elle est si peu de chose qu'il est parfois possible d'apercevoir des étoiles peu brillantes à travers la chevelure ou même à travers le noyau.

On voit combien sont exagérées les craintes qu'ont souvent inspirées les comètes. Qu'arriverait-il si un pareil astre venait à rencontrer notre globe?

Molière prête à l'un de ses personnages, à ce propos, la réflexion suivante :

> ... Et s'il eût en chemin rencontré notre terre.
> Elle eût été brisée en morceaux comme verre.

C'était, à l'époque, l'opinion généralement admise.

Il ne peut plus en être de même aujourd'hui que la nature de ces astres est mieux connue. Un simple nuage suffit, on le sait, à masquer les étoiles; on vient de dire que celles-ci s'aperçoivent facilement au travers des comètes dont la matière est disséminée à un point dont la plus légère fumée et le plus fin brouillard ne peuvent donner l'idée. La moindre toile d'araignée, si nous en croyons M. Faye, opposerait à la balle d'un fusil plus de résistance qu'une comète à se laisser traverser par la terre. Un simple souffle, une bouffée d'air, pour employer une pittoresque expression de M. Flammarion, c'est tout ce que nous pourrions redouter d'une pareille rencontre qui, en aucune façon, ne serait un choc. Le seul inconvénient à redouter serait l'introduction, dans notre atmosphère, de gaz étrangers qui pourraient être délétères. Disons à ce propos que l'analyse des comètes a fait reconnaître la présence du carbone protéiforme, constaté également dans quelques étoiles.

Loin de pouvoir troubler notre terre ou une planète quelconque de notre système, les comètes sont, par leur faible masse, exposées à subir elles-mêmes du chef d'une collision ou même pour s'être seulement trop rapprochées d'un astre, des perturbations qui les rejettent hors de leur route, les retiennent enchaînées à un système ou les renvoient vers d'autres centres d'attraction ou bien encore les détruisent partiellement et en amènent la dislocation.

Au reste, ce ne sont pas là pures spéculations de l'esprit; pareilles rencontres ont été observées. Au mois de novembre 1872, une comète s'est assez approchée de nous pour frôler notre atmosphère. Et l'on n'a eu à constater qu'une magnifique averse d'étoiles filantes. Nous allons voir qu'il y a, en effet, un lien étroit entre ce dernier phénomène et le passage des comètes dans notre voisinage.

Toujours est-il que ces *astres vagabonds* suivent en réalité un chemin rigoureusement tracé. Ils obéissent aux lois de Képler, et c'est avec raison qu'on peut dire d'une comète :

Elle semble égarée et n'est qu'obéissante !

Si obéissante, que les calculs des astronomes permettent de prédire à *heure fixe*[1] leur retour... lorsqu'elles doivent revenir.

Le tableau ci-joint contient quelques indications relatives à certaines comètes périodiques dont le retour a été observé.

1. La comète de Tempel, découverte en 1873, a une période de 5 ans 2 mois. On l'a retrouvée en 1878. En 1883 et 1888, les circonstances atmosphériques n'ont pas permis de la revoir; mais cette année même, en se fondant sur les calculs de M. Schuloff, on l'a cherchée au cap de Bonne-Espérance, et on l'a trouvée en effet le 8 mai, brillant à la place fixée par le calcul, et à l'heure dite (il s'en fallait, en réalité, de deux heures).

Les éléments en sont empruntés à l'*Annuaire astronomique*, publié par M. C. Flammarion.

**ÉLÉMENTS DES COMÈTES PÉRIODIQUES DONT LE RETOUR A ÉTÉ OBSERVÉ**

| NOMS | DURÉE DES PÉRIODES | ÉPOQUE DES PASSAGES AUX PÉRIHÉLIES |
|---|---|---|
| Enke | 3 ans, 30 | 18 octobre 1891. |
| Tempel | 5 ans, 21 | 2 février 1889. |
| Biela (noyau 1) | 6 ans, 58 | 24 septembre 1852. |
| — (noyau 2) | 6 ans, 62 | 23 septembre 1852. |
| Wolf | 6 ans, 82 | 3 septembre 1891. |
| Faye | 17 ans, 56 | 28 janvier 1881. |
| Pons-Brooks | 71 ans, 48 | 26 janvier 1884. |
| Halley | 76 ans, 37 | 15 novembre 1835. |

On voit dans ce tableau combien peuvent différer les périodes, c'est-à-dire la durée du voyage des comètes au cours de leur évolution. Pour certaines d'entre elles, non inscrites ici, cette période atteint des chiffres considérables. Celle de 1680 exige huit mille huit cent quatorze ans pour effectuer son long voyage. Pour celle de 1844, la période dépasse cent mille ans.

Beaucoup plus intéressantes sont pour nous les comètes à courte période, la fréquence des retours permettant de contrôler les calculs par l'observation. Telles sont pour la plupart les comètes inscrites dans le tableau précédent : telle est celle de Faye-Vico, dont la période est d'environ sept ans, et qu'on a retrouvée et observée cette année même.

Le nombre des comètes est considérable. Ce ne sont pas, comme on le croit souvent, des accidents exceptionnels et ces astres méritent bien de figurer dans l'inventaire, que nous faisons ici, des divers corps célestes. Képler déclare qu'ils sont répandus dans le ciel avec autant de profusion que les poissons dans l'Océan. Il résulte de calculs théoriques auxquels s'est livré Arago, qu'on peut évaluer à plus de dix-sept millions le nombre total de comètes qui sillonnent le ciel dans la seule étendue du système planétaire connu.

Il s'agit, bien entendu, seulement ici des petites comètes; de celles qui, pour la plupart, ne sont observables qu'avec les instruments. Chaque année, les astronomes en découvrent ainsi de nouvelles. M. Denning vient encore d'en annoncer une de révolution assez courte pour qu'on puisse en espérer des indications intéressantes.

Beaucoup moins nombreuses et plus rares sont les comètes qui, par leurs dimensions et leur éclat (qui résulte de leur voisinage avec leur soleil), s'imposent à l'attention et à l'admiration de tous.

La comète de 1811, dont la période paraît être de trente siècles, présentait un noyau occupant un espace de 171 lieues. L'auréole nébuleuse qui formait sa chevelure avait un diamètre de 45,000 lieues; enfin, la queue s'étendait sur l'immense étendue de 45 millions de lieues... Et la distance qui nous sépare du soleil n'est que de 38 millions de lieues!

Pour la comète de 1843, la plus brillante de toutes celles qui furent bien observées, et dont la période est de 147 ans, la longueur de la queue dépassait 60 millions de lieues.

Citons encore la célèbre comète de Donati qui fut observée à Florence le 2 juin 1858 et qui fut l'objet de l'admiration du public, tant par l'éclat de son noyau que par l'immense développement de sa queue qui s'étendait sur presque toutes les constellations boréales.

Le cadre de cet ouvrage ne nous permet ni de prolonger cette énumération, ni d'entrer dans les détails, pourtant fort curieux, de l'histoire des comètes. Nous renvoyons à cet égard le lecteur aux divers traités spéciaux, et particulièrement à la très intéressante étude que M. Flammarion y a consacrée dans son ouvrage des *Merveilles célestes*.

Nous voulons seulement essayer de faire une fois de plus ressortir le lien qui unit tous les éléments de l'Univers en disant un mot du sort réservé aux comètes au cours de leur évolution.

Que deviennent les comètes? Il semble que la substance dont elles sont formées s'épuise en se disséminant dans l'espace. Képler les compare aux vers à soie qui épuisent leurs forces en filant des cocons. « Elles finissent, dit-il, par se dissiper et s'éteindre en abandonnant le long de leur route ces émanations qui forment les chevelures et les queues[1]. »

1. Képler, *Physiologie des Comètes.*

L'affaiblissement continu remarqué dans les observations successives de la comète d'Enke et qui avait frappé Enke lui-même, semble favorable à cette idée d'une perte de substance que cet astre subirait constamment depuis l'époque où il a été découvert.

Ce n'est pas tout. La comète de Biela-Gambart se dédoubla en 1845 et s'accompagna d'une nouvelle petite comète évidemment issue de la première. Depuis, les instruments ont permis d'assister à de nouveaux faits de ce genre, et, tout récemment, la photographie a enregistré, dans la comète Brocks, une semblable dislocation.

On voit par là que les débris des comètes, poussière cosmique, fragments d'astre, doivent être répandus à profusion dans l'espace, et là pourrait bien être l'origine des étoiles filantes. Telle est, en effet, l'idée émise par Képler, soutenue par divers savants tels que Lichtemberg et Chladni, et à laquelle les observations de M. Schiaparelli sont venues ajouter l'appui d'une quasi-démonstration.

Cet habile observateur reconnaît en effet que les étoiles filantes d'août et de novembre suivent la même route que deux comètes observées en 1862 et 1867; d'autres faits du même ordre ont été enregistrés. M. Newton, de New Haven, a, de son côté, montré que les météores de l'essaim de Biela proviennent de la comète qu'on a vue disparaître sans en retrouver plus la trace, après qu'elle se fut disloquée et séparée en deux parties.

L'étude des étoiles filantes, à laquelle Le Verrier attachait une grande importance, emprunte à ces faits un plus grand intérêt.

Nous en dirons ici un mot seulement. Les considérations qui précèdent suffisent pour indiquer le lien qui les rattache aux astres dont on vient de parler.

**Astéroïdes.** — Sous cette appellation générale, on peut comprendre les *Aérolithes*, les *Bolides* et les *Étoiles filantes*.

Tout le monde connaît ces phénomènes dont nous ne voulons dire qu'un mot ici[1], à savoir qu'il ne s'agit pas d'étoiles.

1. Voir sur ce sujet le volume n° 23 de la collection : *Les Pierres tombées du Ciel*, par STANISLAS MEUNIER.

Il semble parfois qu'une étoile tout à coup se détache de la voûte constellée et glisse silencieusement sur le ciel, en laissant derrière elle un sillage brillant et fugitif.

Le phénomène acquiert même une singulière ampleur à certaines époques, où l'on assiste à de véritables pluies d'étoiles filantes. Citons notamment les deux époques du 10 août et du 14 novembre. La pluie d'étoiles du 10 août est connue sous le nom de *larmes de saint Laurent*.

Tous les seize et les trente-trois ans se produisent des maxima. Exceptionnellement le chiffre des apparitions atteint un chiffre énorme. On conserve le souvenir des observations faites en novembre 1833 à Boston par M. Olmsted qui évalue à 240,000 le nombre des météores qui sillonnèrent le ciel en l'espace de sept heures. L'éclat des étoiles filantes est variable. Il en est de même de la coloration. Les unes sont rouges, d'autres jaunes, d'autres vertes et c'est alors une véritable gerbe de feu d'artifice.

Toutes ces apparitions semblent diverger, à une même époque, du même point de ciel. C'est le point même où notre atmosphère rencontre l'essaim des débris cométaires.

En novembre, le point central, le *radiant*, comme on dit, est l'étoile de la constellation du Lion. Le groupe de ces étoiles filantes est appelé pour cette raison l'essaim des *Léonides*. Celui des *Perséides* qui s'observe en août a pour point radiant l'étoile Algol dans la constellation de Persée. Des déterminations faites en 1893, il résulte que la hauteur de notre atmosphère est au moins de 122 kilomètres.

Les *bolides* sont ces globes de feu qui, tantôt silencieusement, tantôt avec bruit et fracas, traversent, au grand effroi des témoins, les couches d'air où ils laissent une trace fulgurante. Souvent ils disparaissent comme ils sont venus. Parfois ils atteignent le sol où ils s'enfoncent plus ou moins profondément. C'est à ces pierres météoriques qui *tombent ainsi du ciel* qu'on donne le nom d'aérolithes. Bolides, étoiles filantes ne sont que deux apparences d'un même phénomène ou, plus exactement, c'est le même phénomène observé de près ou de loin. Il s'agit, dans l'un et l'autre cas, de corps appartenant souvent au système solaire, et circulant obscurs dans l'espace. Leur apparition et leur éclat proviennent de ce que ces corps rencontrent, au cours du voyage que fait la terre autour du soleil, les couches de notre atmosphère et s'échauffent jusqu'à l'incandescence par le frottement en y pénétrant plus ou moins profondément suivant la direction de leur marche.

On voit que, comme on l'a dit, il ne s'agit point là d'étoiles au sens exact du mot.

**Étoiles.** — Pour ce qui est des étoiles proprement dites, trois caractères suffisent à les distinguer des autres astres avec lesquels on pourrait les confondre.

Ce sont des *points* lumineux, brillant d'un éclat plus ou moins vif, mais n'apparaissant jamais autrement que comme de *simples points*.

De plus, ces points lumineux, à l'inverse de ce que présentent les planètes, les seuls astres qu'on pourrait confondre avec les étoiles, ne paraissent pas se déplacer; ils sont *fixes*.

Enfin, les étoiles *scintillent*, c'est-à-dire que leur lumière, non seulement semble vaciller, mais encore présente des variations rapides de couleur en même temps que d'éclat.

L'étude spéciale que nous avons consacrée aux étoiles nous permet de ne pas nous y arrêter davantage.

Nous terminons ici ce rapide inventaire des différents corps célestes qui peuplent l'espace et dont l'ensemble forme le magnifique spectacle qu'on peut contempler, la nuit, en observant le ciel.

---

## CHAPITRE II

### DÉNOMBREMENT DES ASTRES. — MESURE DES DISTANCES

On vient de voir que les divers corps célestes sont répandus dans l'espace avec une profusion qui confond l'imagination, surtout si l'on songe que nous ne voyons certainement pas tous ceux qui existent. Pour ce qui est des seules étoiles visibles tant à l'œil nu qu'à l'aide des instruments, est-il impossible de se proposer d'en faire le dénombremeent?

C'est ce que nous allons examiner.

**Nombre des étoiles.** — Lorsqu'on veut exprimer

une formidable collection d'objets, et que les termes manquent pour le faire, ou que les chiffres cessent d'avoir une signification, on a souvent recours à la comparaison imagée des grains de sable de l'océan ou des étoiles qui brillent au ciel. Les étoiles passent pour être innombrables.

Il faut s'entendre sur ce point. Certes, pour divers motifs au premier rang desquels entre la fatigue provoquée, il est bien difficile de compter toutes les étoiles que l'on peut distinguer à l'œil nu; et pour ce qui est de l'observation avec les instruments, on sait que l'esprit recule confondu devant la grandeur de l'univers, dont les limites s'élargissent démesurément avec la puissance de pénétration des lunettes employées. Il semblerait donc qu'on dût renoncer à tenter une évaluation du nombre des corps célestes semés dans l'espace insondable avec une si extraordinaire profusion.

La difficulté ne semble pourtant pas avoir arrêté les savants. Hipparque a dressé un catalogue de plus de mille étoiles, entreprise considérée par les anciens comme miraculeuse, à peine possible à un dieu (*rem deo etiam improbam*, Pline), et en réalité fort remarquable, si l'on réfléchit, en dehors de l'insuffisance des moyens d'investigation, qu'il s'agit, dans ce cas, non pas seulement d'un simple dénombrement, mais d'une détermination exacte de position.

Pour ce qui est seulement de l'évaluation du nombre, une remarque est nécessaire. Si considérable que soit le nombre des étoiles, si prodigieux même soit-il, à l'œil nu, l'on n'*en voit* qu'une faible partie, et c'est un bien plus petit nombre encore qu'il est possible de *compter*. Avec une excellente vue, de l'habitude et de la méthode dans les observations, on arrive pour les étoiles visibles, sur la voûte qui surplombe notre horizon, c'est-à-dire une partie du ciel seulement, à un chiffre compris entre 3,000 et 4,000.

Argelander a publié un catalogue de 3,256 étoiles, visibles pendant la durée d'une année sur l'horizon de Berlin.

| | | |
|---|---|---|
| 1re | grandeur | 14 |
| 2e | — | 51 |
| 3e | — | 153 |
| 4e | — | 323 |
| 5e | — | 810 |
| 6e | — | 1871 |

Remarquons en passant que, comme on doit s'y attendre, d'après la définition même du mot grandeur appliqué aux étoiles, à mesure qu'on descend l'échelle des grandeurs, le nombre des étoiles contenues dans une même classe va en croissant, et le taux de la progression croît lui-même très rapidement.

D'après Humboldt, il y a 4,146 étoiles visibles sur l'horizon de Paris dans le cours de l'année. Ce nombre augmente à mesure qu'on s'approche de l'équateur. M. E. Heis, astronome très minutieux et doué d'une vue exceptionnellement perçante, a consigné le nombre des étoiles visibles à l'œil nu dans l'Europe centrale, dans un catalogue qui résume les résultats de 27 années d'observations.

| | NOMBRE DES ÉTOILES DE | | | | | |
|---|---|---|---|---|---|---|
| | 1re grandeur. | 2e grandeur. | 3e grandeur. | 4e grandeur. | 5e grandeur. | 6e grandeur. |
| Constellations boréales.. | » | 12 | 32 | 44 | 218 | 962 |
| — moyennes. | 7 | 17 | 43 | 137 | 206 | 1.645 |
| — australes.. | 6 | 19 | 77 | 132 | 330 | 1.367 |
| Total............. | 13 | 48 | 152 | 313 | 854 | 3,974 |

En tout, 5,354 étoiles, auxquelles il convient d'ajouter les étoiles variables, amas et nébuleuses, également visibles à l'œil nu.

Si l'on complète enfin ce dénombrement des corps célestes par la liste des astres visibles dans l'hémisphère austral, on arrive à un chiffre approximatif de *onze mille.*

Ce n'est pas là un chiffre bien considérable en présence des résultats formidables auxquels on est accoutumé dans les calculs où conduisent les études astronomiques. Ce que l'on doit admirer surtout ici, c'est la dépense de travail et de patience devant laquelle les observateurs cités n'ont pas reculé!

Mais ce n'est là, il ne faut pas l'oublier, qu'un simple *coup d'œil* jeté sur le ciel, et nous en savons assez dès maintenant pour n'aller pas nous imaginer que l'univers finit là où s'arrête notre vue. C'est dans nos sens que sont les limites : le monde n'en peut avoir.

*Observation avec les instruments.* — Rien, à cet égard, n'est plus instructif et plus saisissant à la fois que le spectacle offert par un point du ciel examiné successivement à l'œil nu et avec un télescope. Là où l'œil distinguait à peine quelques étoiles, l'instrument en fait apparaître des centaines, et l'on sait que le *champ* de l'instrument n'est qu'une faible partie de ce qu'un regard peut embrasser. Si l'on augmente le grossissement, de nouvelles étoiles viennent encore par centaines s'offrir à la vue. C'est alors qu'on commence à comprendre la grandeur de l'univers et que l'esprit est pris de vertige.

W. Herschell, appliquant à cette étude des télescopes de plus en plus puissants et la méthode qu'il imagina à cette occasion des *sondages* ou *jaugeages* d'étoiles (star gauges), s'attacha à compter le nombre d'étoiles passant en l'espace d'un quart d'heure dans le champ de son instrument. Il dirigeait celui-ci sur une portion de la voie lactée qui ne dépassait pas le quart de la surface apparente du soleil.

Le nombre trouvé fut 116,000. Quand on songe que l'amas galactique s'étend sur une longueur égale à 7 ou 800 fois la distance qui sépare Sirius du Soleil, soit environ 52,400,000,000,000 de lieues, on recule devant des calculs qui aboutissent à des chiffres tellement effroyables qu'ils perdent toute signification ; et, devant l'immensité de l'univers, dont une partie seulement nous est révélée, on renonce à sonder l'insondable et à vouloir mesurer l'infini. Qui dira jamais exactement le nombre des mondes qui peuplent l'univers !

**Inégale répartition des étoiles dans l'espace.** — En explorant ainsi les diverses parties du ciel tant à l'œil nu qu'avec l'aide des lunettes, en fouillant les profondeurs de l'espace avec des instruments doués d'un pouvoir de pénétration de plus en plus grand, on a réussi à faire une sorte d'inventaire (sur l'imperfection duquel il serait superflu d'insister), mais qui, tout incomplet qu'il soit nécessairement, constitue un monument scientifique considérable et précieux pour les astronomes. Les éléments de cet inventaire sont inscrits sur des *cartes* ou dans des *catalogues*, ou bien encore sont recueillis et enregistrés par la photographie. On sait de quel intérêt la comparaison de ces consignations de plus en plus parfaites peut être pour l'avenir.

On ne peut manquer de remarquer que les diverses parties du ciel sont très inégalement riches en étoiles. Tandis que certaines régions contiennent des groupements plus ou moins denses, désignés en Angleterre sous le nom de *clusters*[1] et en France sous celui d'*amas stellaires*, et dont les *Pléiades* vulgairement appelées *Poussinières* sont un exemple bien connu; qu'en d'autres points les nébulosités qu'on voit à l'œil nu se résolvent sous le pouvoir du télescope, ainsi qu'on l'a dit plus haut pour la voie lactée, en une prodigieuse agglomération d'étoiles, il est certains espaces où, sur un champ de quinze minutes, même avec les plus fortes lunettes, on trouve à peine cinq ou six étoiles.

C'est principalement au voisinage des nébuleuses que s'observe ce phénomène. Le fait avait frappé Herschell qui, paraît-il, lorsque depuis quelques instants il ne voyait plus d'étoiles passer dans le champ de son télescope, avait l'habitude de dire à son secrétaire : « Préparez-vous à écrire... des nébuleuses vont passer. »

Ces régions exceptionnelles, qu'il ne faudrait évidemment pas prendre pour base des calculs qui doivent servir à l'évaluation du nombre total des étoiles dont le ciel est peuplé, et qui seraient, dans ce cas, peu propres à donner une idée de la profusion générale avec laquelle ces étoiles, nous l'avons vu, sont semées dans l'espace; ces régions vides, désertes et cependant immenses, ne laissent pas du moins que de nous aider singulièrement à comprendre la grandeur de l'univers.

On en est encore et mieux averti par la considération des distances et des mouvements qui entraînent les astres avec des vitesses aussi effrayantes que l'étendue des espaces parcourus.

**Problème des distances stellaires.** — Dans l'étude particulière que nous avons consacrée aux étoiles, nous nous sommes bornés à consigner les résultats obtenus.

1. D'après les calculs d'Herschell, certains amas ne renferment pas moins de 5,000 étoiles dans un espace moindre que la 10e partie du diamètre apparent de la lune.

Nous voulons ici montrer qu'un pareil problème est devenu possible aux astronomes modernes, et cela par la perfection réalisée dans les méthodes et dans les instruments. Il est utile de rappeler qu'en ces matières les spéculations philosophiques ne doivent venir qu'après les observations qui seules peuvent leur servir de base et qu'avant tout l'astronomie est une science de précision que rien n'égale. « Ses procédés et ses instruments, écrivait Biot, atteignent dans les cieux des grandeurs et des distances que l'imagination a peine à concevoir, et cependant ils apprécient et mesurent des quantités dont la petitesse échappe à la sensation. »

**Un mot sur la possibilité et la difficulté du problème.** — Comment de pareilles distances peuvent-elles être déterminées ? Est-il vraiment et seulement possible de le faire? Quel espoir peut-on avoir de mesurer l'inaccessible?

La question de la mesure des distances qui nous séparent des étoiles est de celles qui, non seulement étonnent les personnes étrangères aux méthodes usitées dans les mathématiques, mais aussi peuvent laisser subsister quelque doute dans leur esprit.

Quelques mots d'explication nous paraissent nécessaires.

Il ne faut pas songer à entrer ici dans le détail de la question. Nous voulons seulement montrer que le problème est possible, faire comprendre aussi qu'il est et pourquoi il est difficile, et comment les difficultés peuvent être résolues.

Les étoiles sont inaccessibles, mais là n'est pas la difficulté.

On a continuellement, à la surface du globe, à mesurer la distance d'un point A à un autre point C éloigné et inaccessible. La solution n'exige que trois opérations; le choix d'une base AB sur le terrain et la mesure successive des angles en A et en B obtenus en visant le point C de ces deux stations. Le triangle est dès lors connu et la question résolue. Il n'y a là aucune difficulté.

Cette méthode peut-elle être appliquée aux étoiles? Il

semble tout d'abord que non, car, à cause de l'éloignement, les rayons menés à une étoile de deux points de la terre sont parallèles. Il n'est pas possible de trouver à la surface de notre globe une *base suffisamment grande*. Songeons, en effet, que le *rayon terrestre tout entier*, vu de l'étoile la *plus voisine*, apparaît plus petit qu'un *dixième de millimètre vu à 125 lieues*.

Mais on a tourné la difficulté. Puisque notre globe décrit chaque année autour du Soleil une orbite à peu près circulaire d'environ 37 millions de lieues de rayon, en observant une étoile à six mois d'intervalle, autrement dit à deux époques où la terre occupera sur son orbite des positions diamétralement opposées, c'est-à-dire distantes de deux fois le rayon, on pourra ainsi disposer d'*une base* d'environ 74 millions de lieues. C'est là un progrès, mais cela est encore insuffisant. Cette distance de 74 millions de lieues reste insignifiante en face de l'éloignement prodigieux des étoiles. L'angle sous lequel cette distance serait vue de l'étoile est ce qu'on appelle sa *parallaxe annuelle*. Cette parallaxe reste encore beaucoup trop faible pour que l'on en puisse tirer quelque déduction précise sur les distances stellaires, et tous les efforts des astronomes pour les mesurer restèrent, en effet, infructueux. Toutefois, un calcul simple permettait déjà d'assigner avec certitude un minimum à la distance des étoiles. Cette distance ne pouvait être inférieure à 206,265 fois la distance de la Terre au Soleil. Les astronomes perfectionnèrent alors les méthodes. Et voici le principe de ce perfectionnement : au lieu de ne viser qu'un point, on en vise deux, et tandis qu'il était fort difficile de constater un changement de position dans l'un d'eux, la variation éprouvée par la distance réciproque des deux mires devient très apparente si ces deux mires sont très inégalement distantes de l'observateur.

Tel est sommairement l'esprit de la méthode. Il nous suffit de comprendre que le problème est possible; il n'est pas besoin d'insister sur les difficultés de détails qu'il présente et les précautions qu'exigent des déterminations si délicates [1].

1. Voir, pour les résultats, *Les Étoiles*, page 28.

Ajoutons que de pareilles mesures précises n'ont pu être effectuées que pour un petit nombre d'étoiles, une trentaine environ.

---

## CHAPITRE III

### ASPECT DU CIEL. — DISTRIBUTION APPARENTE DES ASTRES. — CONSTELLATIONS

De la distribution *réelle* des astres le peu que nous savons résulte de déterminations très délicates. C'est un chapitre spécial d'astronomie dite de position dont l'exposé ne peut trouver place ici.

Nous ne nous occuperons que des apparences.

Pour contempler, comme il convient, le spectacle du ciel, il faut choisir un endroit élevé dans un pays découvert où rien ne puisse entraver la vue d'aucun côté. Le pont d'un navire en mer constitue à cet égard un excellent observatoire.

Supposons-nous à l'instant même où le soleil vient de se coucher, c'est-à-dire de disparaître, à l'ouest, sous l'horizon. Il ne fait pas encore *nuit*; mais peu à peu l'illumination crépusculaire s'affaiblit; et, au fur et à mesure que s'éteint et disparaît ce reste de clarté qui nous vient encore du soleil, une à une apparaissent les étoiles, comme des feux qui s'allumeraient au ciel, rares et pâles tout d'abord, puis plus nombreuses et plus brillantes à mesure que l'obscurité s'accroît.

La marche même du phénomène nous renseigne sur un point. Ces feux brillants qui étincellent maintenant dans l'obscurité de la nuit, ils y étaient déjà tout à l'heure, *devant nos yeux qui ne les voyaient pas* à cause de l'éblouissant éclat du soleil. Cela suffit à rendre évidente la grossière erreur que l'on commettrait à supposer le ciel partagé en deux portions dont l'une serait occupée par le soleil et l'autre par les étoiles. C'est une illusion qui disparaît pour peu que l'on observe attentivement la manière dont les étoiles, toujours présentes, semblent s'allumer sur nos têtes ou s'effacent graduellement à mesure que le crépuscule s'éteint ou que le ciel blanchit à l'aube par le reflet de l'aurore avant-coureur du jour éclatant.

La voûte sombre est maintenant parsemée d'une multitude de points étincelants. Les groupes capricieux qu'ils forment, les arrangements irréguliers qu'ils dessinent au ciel, arrêtent notre attention.

Nous en reparlerons bientôt.

Mais prolongeons notre observation. Si l'on s'attarde pendant plusieurs heures de la nuit à cette contemplation du ciel, on ne manquera pas d'être frappé du mouvement d'ensemble qui entraîne *tous* les astres dans le même sens. Des étoiles disparaissent à l'horizon, du côté où s'est couché le soleil et où s'est couchée aussi la lune. D'autres étoiles surgissent à l'horizon du côté opposé. Rien n'est plus curieux que ce spectacle en mer, où plus d'une fois le lever d'une étoile à l'orient nous a donné l'illusion d'un feu de navire à l'horizon. Les constellations voisines du nord tournent autour d'un point fixe, l'étoile polaire, qui, seule, au milieu du mouvement général, paraît immobile ; elles s'inclinent et prennent des positions renversées qui n'empêchent pas de les reconnaître toujours à leur arrangement caractéristique. Pour celles qui sont éloignées du pôle, on constate que les unes plongent et disparaissent à l'occident, tandis que d'autres émergent graduellement à l'opposé.

En un mot, le ciel tout entier semble tourner d'orient en occident d'un mouvement uniforme et régulier autour d'un axe passant par la polaire et l'œil de l'observateur. On sait que ce n'est là qu'une illusion naturelle et une apparence dues à la rotation de la terre. Quoi qu'il en soit, l'apparence est saisissante, et comme il n'y a rien d'absurde *a priori* à en *admettre* la réalité, et qu'il en résulte, de plus, avantage et commodité pour les démonstrations, les astronomes supposent, comme on le sait, pour le besoin de l'étude, la terre immobile, réduite à un point, centre d'une sphère idéale, de rayon immense, sur laquelle les astres nous semblent fixés. Telle est la conception de la *sphère céleste*, qui permet de se rendre très exactement et très facilement compte de tous les détails du mouvement des astres, mouvement désigné sous le nom de mouvement diurne.

**Emploi de la sphère céleste.** — Il est un certain nombre de termes qu'il faut connaître lorsqu'on s'occupe des étoiles. Nous allons les indiquer succinctement, renvoyant, pour plus de détails, le lecteur aux traités de cosmographie.

La *verticale* en un lieu quelconque, supposée prolongée indéfiniment, rencontre la sphère céleste en deux points : en haut le *zénith*, en bas le *nadir* (fig. 1).

Le grand cercle NHS perpendiculaire à la verticale est *l'horizon*. On appelle *verticaux* tous les grands cercles tels que ZHN passant par la ligne ZN. Cela nous fournit déjà un premier moyen de repérer les astres.

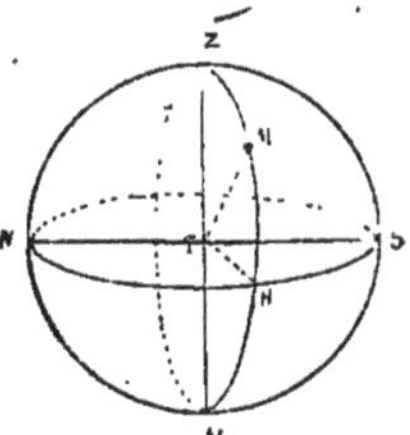

Fig. 1.

La position d'une étoile M située sur la sphère céleste peut être en effet définie, sur le vertical qui la contient, soit par l'arc ZM qui est sa *distance zénithale*, soit par l'arc MH, complémentaire du premier, qui mesure sa hauteur sur l'horizon et qu'on appelle sa *hauteur*.

**Ligne des pôles. Axe du monde.** — On appelle *axe du monde* la ligne autour de laquelle s'effectue le mouvement diurne apparent des étoiles, mouvement dont la durée, d'environ 24 heures, mesure le *jour sidéral*. Les points où cet axe rencontre la sphère céleste s'appellent les *pôles*. La ligne qui les joint, autrement dit la *ligne des pôles*, n'est donc autre chose que l'*axe du monde*.

Le plan mené perpendiculairement à cet axe par le centre T de la sphère céleste coupe celle-ci suivant l'équateur céleste.

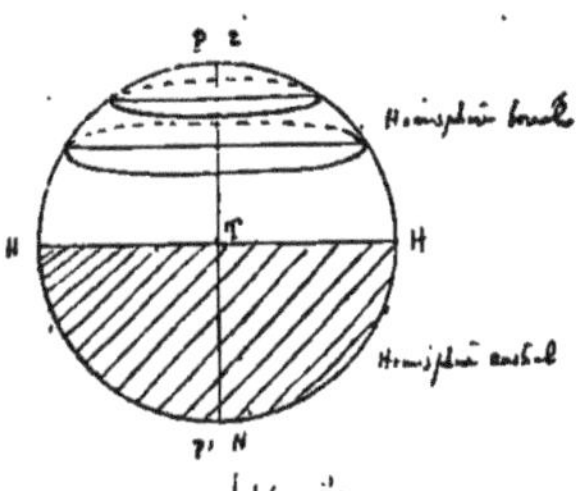

Fig. 2.

Remarque. — Il faut bien se garder de faire la confusion entre cette ligne et la verticale ZN. Le zénith est toujours, *par définition*, juste au-dessus de la tête de l'observateur, quelle que soit la position géographique. Il n'en serait de même du pôle céleste que dans le cas particulier et exceptionnel d'un observateur situé au pôle correspondant de la terre. Au pôle nord on verrait en effet briller la Polaire juste *au-dessus de soi. Le pôle céleste et le zénith sont là confondus* (fig. 2).

En toute autre position géographique, l'axe du monde est

incliné sur la verticale(fig.3) La Polaire occupe une position intermédiaire entre le zénith et l'horizon.

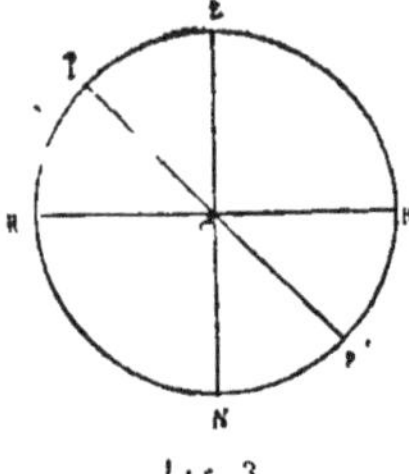
Fig. 3.

A Paris, par exemple, l'angle dont la ligne des pôles est inclinée sur l'horizon, autrement dit la *hauteur* du pôle, st de 48° 30′.

Pour un observateur posté sur un point de l'équateur, la ligne d'horizon se confond avec la ligne des pôles. Les étoiles de l'un et l'autre hémisphères célestes sont toutes visibles au-dessus de l'horizon pendant la moitié du mouvement diurne (fig. 4).

Elles restent cachées au-dessous pendant l'autre moitié du temps de la révolution sidérale.

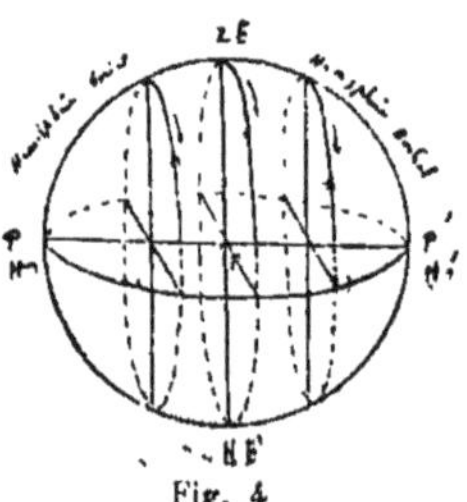
Fig. 4

Dans toute autre position géographique intermédiaire (où, comme on l'a dit, la ligne des pôles est inclinée sur l'horizon), il n'y a que les étoiles M, situées dans l'équateur céleste, qui restent ainsi la moitié du jour sidéral au-dessus de l'horizon et l'autre moitié au-dessous.

Une étoile telle que M′ reste plus longtemps au-dessus; l'étoile M″, au contraire, sera plus longtemps cachée au-dessous (fig. 5).

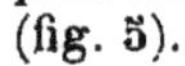

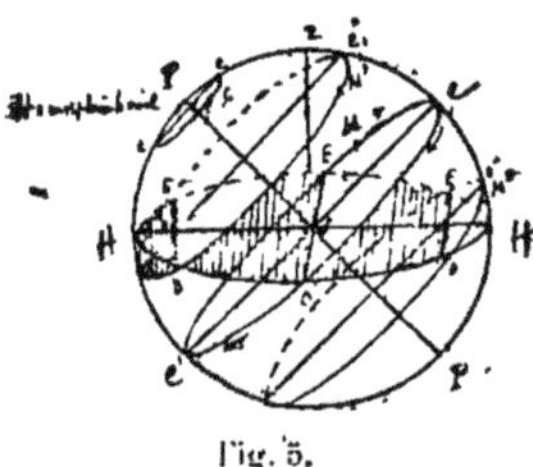
Fig. 5.

**Lever et coucher des Étoiles. Culmination. Passages.** — Lorsqu'une étoile apparaît à l'est au point E au-dessus de l'horizon, on dit qu'elle se *lève*. Son *coucher* coïncide avec sa disparition en O à l'ouest.

Elle atteint sa *hauteur* maxima ou sa *culmination* en *e* dans le plan du méridien[1]. On dit encore qu'elle effectue son

1. Le méridien d'un lieu est le plan qui passe à la fois par l'axe du monde et par la verticale.

*passage*. Il y a lieu de distinguer un *passage supérieur* en *e* et un *passage inférieur* en *e'*. Pour les étoiles voisines du pôle, et qu'on nomme *étoiles circumpolaires*, ces deux passages se font au-dessus de l'horizon. Ces étoiles constamment visibles *n'ont ni lever ni coucher*.

Remarque. — Pour un observateur situé au pôle (fig. 2), il est facile de voir que toutes les étoiles d'un hémisphère entier sont circumpolaires ; elles ne se lèvent ni ne se couchent jamais.

**Étendue du ciel visible en un lieu donné.** — Les développements qui précèdent nous font comprendre

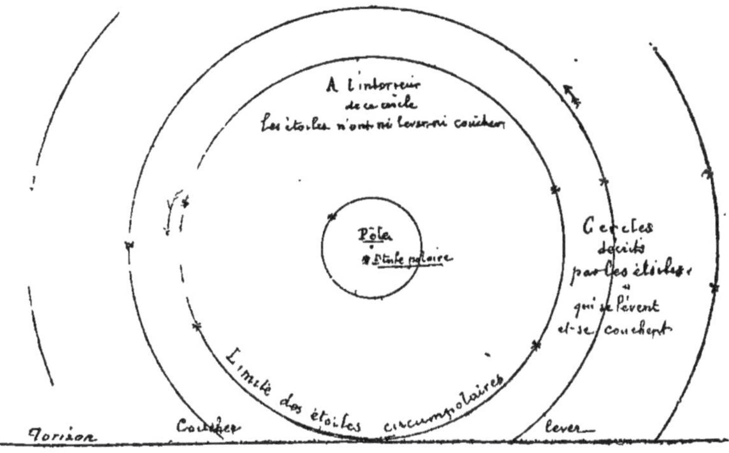


Fig. 7.

à quel point nous nous tromperions si, lorsque d'un point du globe on contemple la voûte du ciel, nous pensions embrasser ainsi la totalité des astres qui la composent. Combien nous en sommes loin !

Tout un hémisphère céleste reste invisible, constamment caché sous notre horizon.

Ce n'est donc qu'une portion seulement du ciel qu'il nous est généralement permis de contempler. Il a fallu attendre les premiers voyages de circumnavigation pour que la totalité des astres qui constellent la sphère céleste s'offrît aux regards des astronomes. Tout le ciel circumpolaire austral demeura inconnu aux anciens, et les brillantes constellations de la

Croix du Sud et des Nuées de Magellan qui brillent dans le ciel austral furent pour les premiers Européens, compagnons de Vasco de Gama, un objet de surprise autant que d'admiration.

Il convient d'ajouter qu'à la vérité la partie du ciel invisible pour un horizon donné varie avec le temps[1]. Mais il faut bien longtemps pour produire un changement notable. Humboldt fait remarquer que la Croix du Sud n'a pas toujours été l'apanage de l'hémisphère austral. Il fut une époque où elle brillait à 7° de hauteur de l'horizon de Berlin; il y a de cela 2,900 ans.

**Divers aspects du ciel aux diverses époques.** — Par suite du mouvement de translation de la terre, toutes les parties du ciel, qui correspondent à l'horizon du lieu, se trouvent successivement visibles la nuit, en ce lieu, aux diverses époques de l'année. On peut se convaincre, en effet, en regardant les étoiles la nuit, en diverses saisons, que le ciel est tout à fait changé. Ce ne sont plus les mêmes étoiles. C'est la conséquence du mouvement de translation de la terre; et cela devient très simple à expliquer si, en s'en tenant aux seules apparences, on attribue ce mouvement propre au soleil.

Qu'on observe en effet le soleil plusieurs jours de suite au moment de son coucher, et qu'on examine les étoiles qui le suivent et se couchent immédiatement après lui. Dans quelques jours on ne les verra plus. Ce seront d'autres étoiles qui, les jours précédents, se trouvaient plus à l'est et ne se couchaient que longtemps après le soleil. Celui-ci paraît donc s'être avancé vers elles *d'occident en orient*, c'est-à-dire en sens contraire du mouvement diurne.

De même, les étoiles qui se lèvent en même temps que le soleil aujourd'hui se lèveront avant lui dans quelques jours; elles paraissent s'éloigner du soleil dans le ciel d'orient en occident, ou ce qui revient au même, il se sera éloigné d'elles *d'occident en orient*.

Tel est l'apparent mouvement propre du soleil qui semble ainsi parcourir dans ce sens tout un cercle du ciel[2].

1. En vertu d'un mouvement connu en astronomie sous le nom de précession.
2. Cette route suivie en apparence par le soleil est l'écliptique.

C la posé, il est évident que, dans la partie du ciel où il se trouve, le soleil efface par sa clarté toutes les étoiles, qui y sont pourtant.

Mais à mesure qu'il s'éloigne de ces étoiles par l'effet de son mouvement propre vers l'orient, celles-ci arrivent au-dessus de l'horizon alors qu'il n'y est pas encore, c'est-à-dire alors qu'il fait encore *nuit*.

Elles sont alors visibles. Celles, au contraire, qu'on voyait précédemment la nuit se trouvent maintenant au des us de nos têtes pendant le jour et nous ne les voyons plus.

Seules les étoiles circumpolaires qui ne se couchent jamais sont *toujours* visibles la nuit ; elles occupent seulement des positions différentes sur les cercles qu'elles décrivent autour de la Polaire. Le Chariot, par exemple, se renverse sans descendre jamais au-dessous de l'horizon et, suivant l'expression d'Homère, il n'a point sa part des bains de l'océan.

Ces remarques étaient nécessaires pour faire comprendre que, lorsqu'on se propose de faire une étude complète des constellations, il faut de toute nécessité préciser, pour un lieu donné, l'époque où l'on observe le ciel, celui-ci changeant continuellement. Nous renvoyons à cet égard le lecteur aux divers annuaires où l'on indique mois par mois les constellations visibles et leurs positions.

**Constellations.** — Pour se reconnaître au milieu des étoiles si nombreuses et s'il s'agit seulement de points de repère et d'indications propres à soulager la mémoire, on trouve avantage à se servir des constellations. On appelle ainsi les groupes conventionnels dans lesquels on a réparti le plus grand nombre des étoiles visibles. Il serait fort long d'en donner la description détaillée.

Nous nous bornerons à l'indication de quelques groupes facilement reconnaissables et visibles en Europe.

La *Grande Ourse* ou le *Chariot de David*, qui reste toujours visible au-dessus de l'horizon de Paris, se reconnaît facilement à ses sept étoiles (septem-triones) dont la moins brillante $\delta$ est encore de 3e grandeur; toutes les autres sont de 2e grandeur. Les trois dernières $\eta$, $\zeta$, $\varepsilon$ dessinent la *queue* de la Grande Ourse; $\alpha$ et $\beta$ s'appellent *les gardes*. Si nous admettons que les quatre étoiles $\alpha$, $\beta$, $\gamma$, $\delta$, disposées en trapèze, figurent les roues d'un chariot, $\varepsilon$, $\eta$, $\zeta$, c'est-à-dire la queue de l'ours, deviendra pour nous le *timon* du chariot. L'étoile ζ est double. Une bonne vue aperçoit un peu au-dessus d'elle une très petite étoile, *Alcor*, qu'on nomme quelquefois le Cavalier. Les Arabes l'appellent *Saïdakh*, c'est-à-dire l'épreuve.

Ce groupe est important parce qu'il permet de trouver facilement l'étoile polaire et aussi les principales autres constellations.

En prolongeant la ligne des Gardes d'une quantité égale environ à cinq fois sa longueur, on rencontre une belle étoile de 3e grandeur : c'est la Polaire.

Cette étoile forme d'ailleurs l'extrémité de la queue de la *Petite Ourse*, groupe de sept étoiles dont la Polaire est de

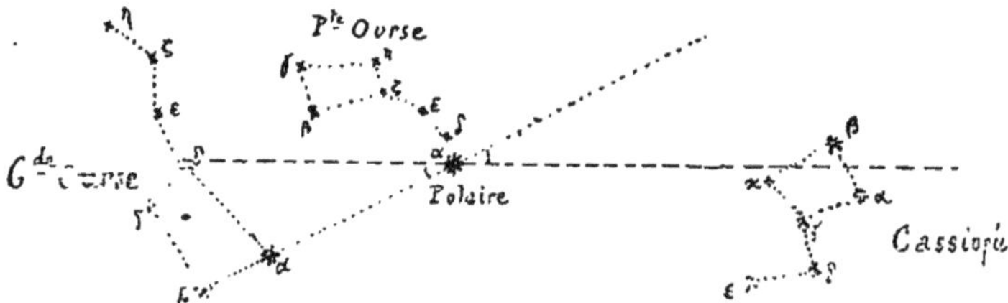


Fig. 8.

beaucoup la plus brillante, disposées comme celles de la Grande Ourse, mais en sens contraire, et occupant un espace beaucoup plus restreint, α, β et γ, c'est-à-dire la Polaire et les deux Gardes sont les seules que l'on distingue bien facilement.

Il n'est pas inutile de remarquer que la Polaire n'est pas exactement au pôle ; elle en est éloignée de 1° 20′, et décrit, par conséquent, malgré son immobilité apparente, un cercle de 2° 40′ autour du pôle vrai, *où ne se trouve aucune étoile.*

**Déplacement du pôle.** — S'il y avait une étoile au pôle, elle n'y resterait pas immobile en raison des mouvements désignés en astronomie sous le nom de *précession*. Ceci mérite un mot d'explication.

Le pôle céleste n'est, en somme, que le point où vient se terminer l'axe de rotation de la terre prolongé jusqu'à la sphère céleste. Or, notre globe possède dans l'espace un double mouvement de translation et de rotation ; et, comme pour la toupie, pendant que le corps tourne, son axe décrit un cône. L'axe de la terre décrit ainsi dans le ciel le cercle polaire... en vingt-six mille ans. Il rencontre de la sorte et successivement diverses étoiles. Actuellement, il correspond à la Petite Ourse; autrefois, il coïncidait avec le Dragon; plus tard, il atteindra la Lyre. Diverses étoiles se remplaceront ainsi successivement comme étoiles polaires, tandis que les zones des circumpolaires se déplacent pareillement. Il viendra une époque où, comme il y a quarante siècles, Cassiopée ne restera plus au-dessus de l'horizon de Paris, et où la Croix du Sud ne sera plus constamment au-dessous.

Actuellement, le pôle céleste se rapproche de α de la Petite Ourse, avec laquelle il n'a jamais coïncidé, et il continuera à s'en rapprocher encore pendant deux siècles et demi; il n'en sera alors éloigné que d'un demi-degré.

**Principales constellations.** — En partant de

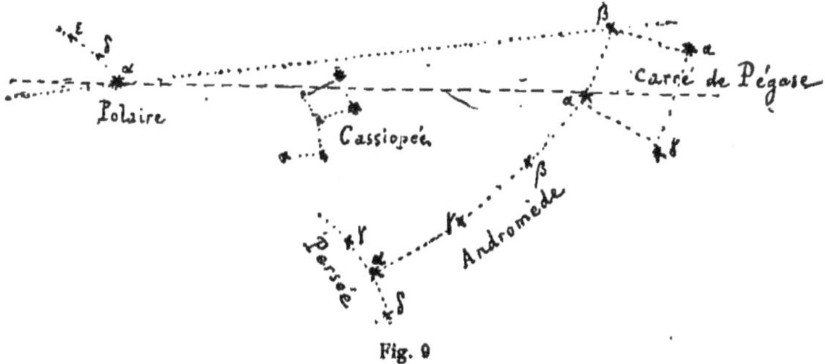


Fig. 9

la Grande Ourse et de la Polaire, on peut facilement trouver plusieurs autres constellations remarquables.

Ainsi, les lignes qui joignent la Polaire à δ et à ε de la Grande Ourse rencontrent au delà de la Polaire *Cassiopée*. Cette constellation très brillante, qu'on aperçoit facilement, comme sa voisine la *Croix du Cygne*, projetée sur le fond nuageux de la voie lactée, est formée essentiellement de cinq étoiles de 3e grandeur dessinant un M très ouvert. En y joignant la petite étoile κ, le groupe figure une sorte de chaise renversée.

Le *Carré de Pégase*, *Andromède* et l'une des étoiles de *Persée* forment par leur ensemble une figure qui rappelle, mais sur une beaucoup plus grande étendue, la forme de la Grande Ourse. On trouvera assez facilement ces constellations en prolongeant, au delà de la Polaire, la ligne α-β des Gardes.

Les *Hyades* et les *Pléiades* se rattachent à la constellation du *Taureau*.

La ligne courbe des trois étoiles de *Persée* étant prolongée passe dans le voisinage des *Pléiades* où une bonne vue distingue six ou sept étoiles, brillant sur un fond qui semble une poussière d'étoiles. Prolongée dans la direction contraire, elle rencontre la *Chèvre* ou α du *Cocher*.

Fig. 10.

Enfin, dans la direction de la ligne qui va de la Chèvre à la Polaire se trouve la plus belle constellation du ciel, *Orion*.

C'est un grand trapèze formé de deux étoiles de 1re grandeur et de deux autres de 2e grandeur. Au milieu, trois étoiles, de 2e grandeur également, figurent le *Baudrier d'Orion* ou les *Trois Rois* ou encore le *Rateau*.

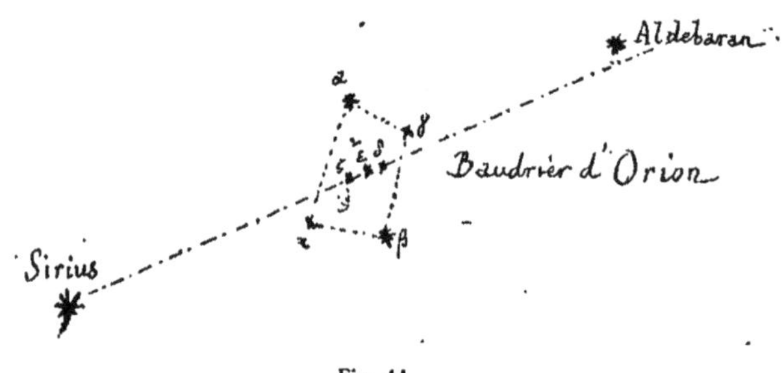


Fig. 11.

C'est en prolongeant le Baudrier qu'on arrive à *Sirius*,

Fig. 12.

la plus belle étoile du ciel. La même ligne, prolongée en sens contraire, passe dans le voisinage d'*Aldebaran* ou l'*Œil du Taureau*.

Ces indications sont suffisantes pour permettre aux personnes, désireuses de s'en donner la satisfaction, de retrouver et de nommer quelques étoiles du ciel. Nous ne les prolongerons pas davantage.

**Histoire des constellations.** —Quant à l'origine des constellations, elle est aussi lointaine que mystérieuse. La science des étoiles paraît avoir eu son berceau dans les plaines de Sennaar, près du berceau même que la tradition suppose au genre humain. La beauté du ciel et les loisirs que laissait aux peuples pasteurs leur genre d'existence même, ont dû faire nécessairement de ceux-ci les premiers astronomes et, dans l'étonnement et dans l'admiration provoqués par la contemplation du ciel étoilé, devant le nombre et la variété des éléments qui composent l'immense panorama qui s'offrait à leurs yeux, il est naturel de penser qu'ils ont senti le besoin de reconnaître et de trouver de faciles points de repère. C'est ce que leur offraient tout naturellement les groupes d'étoiles qui reçurent alors sans doute les noms par lesquels nous les désignons encore aujourd'hui.

Peut-être est-ce, comme l'indique Vigile, aux premiers navigateurs qu'il faut faire remonter l'origine des dénominations données aux constellations :

*Navita tam stellis numeros et nomina fecit*
*Pleïadas, Hyadas, claramque Lycaonis Arcton.*

Quoi qu'il en soit, cette origine est très ancienne. Homère, en décrivant dans l'*Iliade* le bouclier forgé par Vulcain pour Achille, dit « qu'il représente tous les signes dont le ciel est couronné, les Pléiades, les Hyades, le robuste Orion, l'Ourse qu'on appelle le Chariot... », et la Bible, au livre de Job, mentionne également Orion, les Hyades, Arcturus et le Dragon ; chose singulière, ces appellations étranges, auxquelles on a, d'ailleurs, sans succès cherché à substituer d'autres noms, se retrouvent chez diverses nations, et cela bien que ces noms, Ours, Dragon, etc., n'aient, contrairement à ce qu'on pourrait croire tout d'abord, *aucun rapport avec la configuration* des groupes d'étoiles ainsi désignés. Certains auteurs pensent trouver daus cette coïncidence un fait en faveur de l'unité d'une souche humaine primitive. Nous ne pouvons nous arrêter à discuter ce point. Disons seulement que l'astronomie chinoise ancienne a des dénominations spéciales[1].

Les anciens avaient nommé 48 constellations, nous en connaissons plus de cent (107 exactement). Cela tient à ce que nous en avons créé de nouvelles avec les étoiles qu'ils n'avaient pas réussi à grouper avantageusement et qu'ils appelaient informes (αμορφωτοι).

L'hémisphère boréal en contient 48, l'hémisphère austral 54, et 15 sont situées et visibles sous les deux hémisphères à la fois.

Nous nous bornerons à citer les principales de notre hémisphère et de la région moyenne.

HÉMISPHÈRE BORÉAL

| | |
|---|---|
| La Petite Ourse et la Grande Ourse. | Andromède. |
| Dragon. | Pégase. |
| Cassiopée. | Taureau. |
| Persée. | Pléiades. |
| Le Bouvier. | Hyades. |
| Cygne. | Gémeaux. |
| | Cancer. |

*Constellations moyennes.*

| | |
|---|---|
| Vierge. | Poisson. |
| Balance. | Baleine. |
| Verseau. | Orion. |

Dans l'hémisphère austral, le plus beau groupe est celui de la *Croix du Sud*. La plupart des autres ont reçu des noms empruntés à la science moderne : *Boussole*, *Sextant*, *Pendule*, *Microscope*, etc.

Dans l'*Octant* se trouve l'étoile polaire australe, très petite, bien inférieure à la nôtre.

Ajoutons que, dans chaque constellation, les étoiles principales ont reçu des noms spéciaux (Arcturus — Procyon — Aldebaran — l'Œil du Taureau, etc.), et cette nomenclature est complétée par des lettres et des numéros d'ordre

1. Si les dénominations actuellement employées par les Chinois sont les nôtres, c'est parce qu'elles leur furent apportées par les missionnaires.

C'est un astronome allemand [1] qui entreprit de se servir des lettres de l'alphabet grec, et quand celui-ci fut épuisé, d'y ajouter l'alphabet latin. L'ordre alphabétique est *à peu près* celui des grandeurs, sans qu'on puisse savoir si cet *à peu près* est imputable à quelque négligence ou erreur de l'auteur ou s'il résulte d'un *réel changement* survenu depuis dans l'éclat des astres, α, β, γ, δ sont, en tout cas, presque toujours les quatre plus brillantes de ces groupes.

Telle est l'origine des indications qu'on rencontre à chaque page d'un livre d'astronomie, telle que α du Lion, α de la Lyre ou Wega..., β du Centaure, etc.

**Le Zodiaque.** — Parmi les groupes dont nous nous occupons, ceux à travers lesquels circulent les grands luminaires, le Soleil, la Lune et les principales planètes, devaient particulièrement attirer l'attention : ils constituent la zone du zodiaque. C'est la route constante parcourue par le soleil dans le cours de l'année. Son nom (ζωδιον, animal figuré) vient des figures d'animaux qu'on attribue, fort arbitrairement d'ailleurs, aux groupes d'étoiles qui y sont contenus. Cette partie du ciel fut partagée en douze *signes* visités successivement par le soleil au cours des douze mois de l'année, et que les anciens appelaient les « résidences mensuelles d'Apollon ».

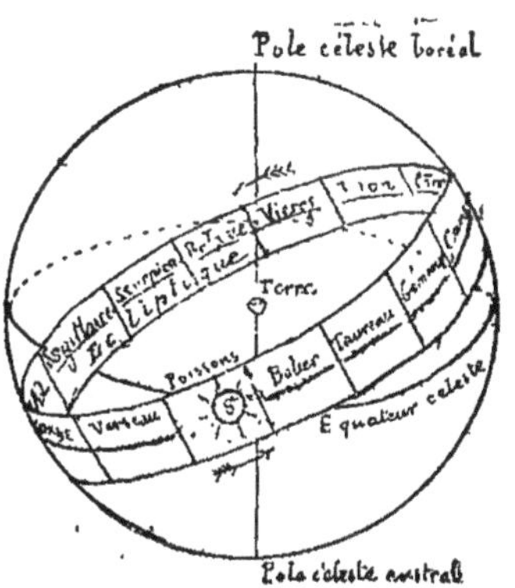

Fig. — 13. Zodiaque.

Les constellations du zodiaque doivent être connues. On les nomme : le *Bélier*, le *Taureau*, les *Gémeaux*, l'*Écrevisse*, le *Lion*, la *Vierge*, la *Balance*, le *Scorpion*, le *Sagittaire*, le *Capricorne*, le *Verseau*, les *Poissons*.

Ces noms peuvent être facilement retenus au moyen des deux vers suivants, dus au poète Ausone.

> Sunt : *Ariès Taurus, Gemini, Cancer, Leo, Virgo,*
> *Libraque, Scorpius, Arcitenens, Caper, Amphora, Pisces.*

1. Bayer 1608.

De nos jours, l'habitude s'est conservée de faire figurer dans nos almanachs, en tête de chaque mois, le signe correspondant du zodiaque. Cela n'a plus aucun intérêt. Ces dénominations se rapportaient sans doute aux travaux de l'agriculture. Le premier signe du zodiaque, le Bélier, est le symbole du printemps. Autrefois, à l'époque où vivait Hipparque, c'était à l'équinoxe du printemps que le soleil entrait dans ce signe. Il n'en est plus de même aujourd'hui où l'équinoxe du printemps correspond aux Poissons. Aux diverses époques, ce point équinoxial se trouve ainsi avoir coïncidé avec les divers signes du zodiaque. Il paraît prouvé qu'à l'époque de la construction de la grande pyramide de Gizeh (2170 ans avant J.-C.), il était près des Pléiades. A cette époque, la Polaire devait appartenir au Dragon.

**Fixité des constellations.** — Les constellations ne sont que des groupements artificiels : rien ne nous autorise à penser que les étoiles réunies dans un même groupe soient rapprochées autrement que par un effet de perspective. Leurs distances à la terre aussi bien que leur éloignement mutuel sont quelconques et varient certainement de façon considérable par l'effet des mouvements propres qui entraînent, on le sait, les étoiles avec une prodigieuse vitesse[1].

« La Croix du Sud, dit Humboldt, ne conservera pas toujours sa forme caractéristique, car ses quatre étoiles marchent en sens différents avec des vitesses inégales », et le même auteur ajoute : « On ne saurait calculer aujourd'hui combien de myriades d'années doivent s'écouler jusqu'à son entière dislocation. »

Malgré l'exagération dont cette dernière évaluation est certainement entachée, on peut être assuré que pendant bien longtemps encore on verra les constellations telles qu'elles se sont offertes aux premiers astronomes et telles qu'on les observe aujourd'hui.

1. Autrefois, plusieurs étoiles, Atlas des Pléiades, $\pi$ d'Hercule, $\varpi$ du Lion, $\gamma$ de la Couronne, avaient été reconnues doubles. Depuis, les deux composantes se sont rapprochées, recouvertes et séparées de nouveau.

# LIVRES DE RÉCRÉATION ET D'INSTRUCTION

à DIX et QUINZE centimes

*(Suite)*

## BIBLIOTHÈQUE LITTÉRAIRE

### DES ÉCOLES ET DES FAMILLES

*(Honorée d'une souscription du Ministère de l'Instruction publique.)*

Le Volume : **Dix centimes**

(Franco par la poste : 1 volume 15 centimes, 2 volumes 25 centimes.)

EXTRAIT DU CATALOGUE DES CENT VOLUMES EN VENTE :

*André Chénier* : Poésies (1 vol.). — *J. J. Rousseau* : Œuvres choisies (1 vol.). — *Mme de la Fayette* : La Cour de France au XVIIe siècle (1 vol.). — *Mme de Staël* : De l'Allemagne (1 vol.). — *Poètes contemporains* ; Banville, Richepin, Daudet, Hérédia, Arène, etc. (1 vol.). — *François Coppée* : Nouvelles (1 vol.). — *Alphonse Daudet* : Souvenirs et Nouvelles (1 vol.). — *Jules Simon* : Colas, Colasse et Colette (1 vol.). — *Vte E.-M. de Vogüé* : Le chemin de fer transcaspien (1 vol.). — *Mme Beecher-Stowe* : La Case de l'Oncle Tom (1 vol.).

## RÉCITS

DES

# GRANDS JOURS DE L'HISTOIRE

**Le volume QUINZE centimes**

(Franco par la poste : 1 volume 20 centimes, 2 volumes 35 centimes.)

*Tous les volumes sont illustrés.*

EXTRAIT DU CATALOGUE DES CINQUANTE-DEUX VOLUMES EN VENTE :

**Deux étapes du retour de l'île d'Elbe**, par HENRY HOUSSAYE (1 vol.).
**La Machine infernale de Fieschi**, par MAXIME DU CAMP (1 vol.).
**L'Affaire du Collier de la Reine**, par LAFONT D'AUSSONNE (1 vol.).
**La Banque de la Rue Quincampoix**, d'après SAINT-SIMON, DUCLOS, etc. (1 vol.).
**La prise de l'Hôtel de Ville** (31 octobre 1870), par ALFRED DUQUET (1 vol.).
**La Révolution de 1848**, d'après un récit de M. THIERS (1 vol.).
**Charlotte Corday et Marat** (1 vol.).
**Napoléon prisonnier**, par le Comte de LAS CASES (1 vol.).
**Les empoisonnements de la Brinvilliers** (1 vol.).

**Le Catalogue complet de ces collections est envoyé gratis et franco à toute personne qui nous en fait la demande par lettre affranchie.**

# BIBLIOTHÈQUE SCIENTIFIQUE DES ÉCOLES ET DES FAMILLES

## CONDITIONS DE VENTE

CHEZ TOUS LES LIBRAIRES
MARCHANDS DE JOURNAUX
ET DANS LES GARES
*LE VOLUME : 15 CENTIMES*

Franco par la poste en s'adressant à M. HENRI GAUTIER, Éditeur.
55, quai des Grands-Augustins, Paris.
**Un volume : 20 centimes ;**
**2 vol., 35 centimes ; 25 vol., 4 francs**

## VOLUMES EN VENTE

1. **La Photographie**, par A. et L. LUMIÈRE.
2. **Les Fourmis**, par H. MERCEREAU.
3. **Les Travaux de M. Pasteur**, par GUSTAVE PHILIPPON.
4. **Les Parfums**, par H. COUPIN.
5. **Neige et Glaciers**, par C. VELAIN.
6. **Lavoisier**, par H. MERCEREAU.
7. **Les Ballons**, par CAPAZZA.
8. **Sucres Sucrerie et Raffinerie** par A. HÉBERT.
9. **Les Animaux travailleurs**, par VICTOR MEUNIER.
10. **Les Plantes vénéneuses**, par L. DUCLOS.
11. **La Soie, soie naturelle, soie artificielle** par H. MERCEREAU.
12. **Les Impôts sous l'ancien Régime**, par L. PRÉVAUDEAU.
13. **La Photographie**, développement et tirage, par A. et L. LUMIÈRE.
14. **Le Collectionneur d'insectes**, par HENRI COUPIN.
15. **L'Éclairage électrique**, par E. DUMONT.
16. **L'Industrie de l'alcool**, par A. HÉBERT.
17. **Les Microbes de l'air**, par R. CAMBIER.
18. **La Fièvre**, par le Dr GARRAN DE BALZAN.
19. **Le Diamant**, par H. MERCEREAU.
20. **La Céramique et la Verrerie à travers les âges**, par CH. QUILLARD.
21. **Hygiène du Chauffage et de l'Éclairage**, par N. GRÉHANT.
22. **Les Impôts depuis la Révolution**, par L. PRÉVAUDEAU.
23. **Les Pierres tombées du ciel**, par STANISLAS MEUNIER, prof. au Muséum.
24. **Le Soleil**, par CHARLES MARTIN.
25. **Le Croup** par le Dr LESAGE.
26. **Les Travaux d'Édison**, par E. DUMONT.
27. **Les Voitures sans chevaux**, par E. DUMONT.
28. **Iles et Récifs madréporiques**, par EDMOND PERRIER, de l'Institut.
29. **La Chimie de la table**, par X. ROCQUES.
30. **L'Or**, par H. MERCEREAU.
31. **La Poste aérienne à travers les âges**, par CH. SIBILLOT.
32. **Les Etoiles**, par CH. MARTIN.
33. **Le Surmenage moderne et la Neurasthénie**, par le docteur AZYGOS.
34. **Le Fer**, par R. JACQUAUX.
35. **L'Allaitement**, par le docteur POMAX.
36. **Les Eaux de table** par le Dr LAUMONIER.
37. **Les Engrais chimiques**, par E. ROUX.
38. **Les Vers parasites de l'homme**, par CHATIN.
39. **Le Vin**, par A. HÉBERT.
40. **Le Pigeon messager**, par CH. SIBILLOT.
41. **Les Cyclones**, par L. BESSON.
42. **L'Hygiène de la Table**, par X. ROCQUES.
43. **Cyclisme et Cyclistes**, par H. DE GRAFFIGNY.
44. **Le Ciel**, par CHARLES MARTIN.
45. **Les Éléments de la Céramique et de la Verrerie**, par CH. QUILLARD.
46. **Les Tremblements de Terre**, par VICTOR MEUNIER.
47. **Les Pierres précieuses**, par P. GAUBERT.
48. **L'Hygiène de l'Habitation**, par le Dr LAUMONIER.
49. **La Navigation à voiles et à vapeur**, par MICHEL-JULES VERNE.
50. **Perles et Pêcheries**, par H. MERCEREAU.
51. **Les Cures d'Eaux**, par le Dr J. LAUMONIER.
52. **Les Bains de Mer**, par le Dr J. LAUMONIER.
53. **Un Fléau social, l'Alcoolisme**, par le Dr LEGRAIN.
54. **La Planète Mars**, par C. FLAMMARION.
55. **Maladies et Moyens de Défense**, par le Dr A. DESHLER.
56. **Le Sel**, par M. ARSANDAUX.
57. **Les Rayons X**, par PAUL PHILIPPON.
58. **Le Cuir**, par M. LAMAY.
59. **Les Continents disparus**, par H. GUÉDE.
60. **L'Alimentation des Plantes**, leur nourriture par E. ROUX.
61. **La Photographie positive sur verre et les projections lumineuses**, par G. PHILIPPON.
62. **Les Poisons minéraux**, par E. TASSILLY.
63. **La Mécanique du Cœur**, par CH. CONTEJEAN.
64. **La Race bovine**, par M. BROCCHI.
65. **Le Fond de la mer**, par J. GIRARD.
66. **La Culture Maraîchère**, par E.-A. SPOLL.
67. **La Mosaïque**, par E. LAURENCIN.
68. **Les Habitants des Mers anciennes**, par E. GUÉDE.
69. **La Peste**, par le Dr LAUMONIER.
70. **La Bière**, par A. HÉBERT.
71. **Le Sang**, par le Dr AZYGOS.
72. **Les Poules**, par E.-A. SPOLL.
73. **Traitement de la Phtisie pulmonaire**, par le docteur LEHAY.
74. **Les Volcans**, par CH. MARTIN.
75. **La Vigne**, *Sa culture, Ses maladies*, par E.-A. SPOLL.
76. **Les Remèdes nouveaux**, par L. DUCLOS.
77. **La Galvanoplastie**, par H. MERCEREAU.
78. **La Fabrication des Poteries**, par CH. QUILLARD.
79. **La Photographie positive sur verre et les projections**, par G. PHILIPPON.
80. **Les Abeilles**, par CH. MARTIN.
81. **Les Poisons organiques**, par E. TASSILLY.
82. **Le Soufre et l'acide sulfurique**, par H. ARSANDAUX.
83. **Les Nids**, par CHARLES MARTIN.

Angers. — Imp. A. Burdin et Cie, 4, rue Garnier.

www.ingramcontent.com/pod-product-compliance
Ingram Content Group UK Ltd.
Pitfield, Milton Keynes, MK11 3LW, UK
UKHW021957260726
13994UKWH00004B/1811

9 782329 080024